绿色印刷
保护环境 爱护健康

亲爱的读者朋友：

本书已入选“北京市绿色印刷工程——优秀出版物绿色印刷示范项目”。它采用绿色印刷标准印制，在封底印有“绿色印刷产品”标志。

按照国家环境标准（HJ2503–2011）《环境标志产品技术要求 印刷 第一部分：平版印刷》，本书选用环保型纸张、油墨、胶水等原辅材料，生产过程注重节能减排，印刷产品符合人体健康要求。

选择绿色印刷图书，畅享环保健康阅读！

北京市绿色印刷工程

这本奇迹童书属于

文瑛美 / 著

文瑛美老师在道峰山山麓下度过了自己愉快的童年。初二时去了美国，大学时重新回到韩国，生活至今。

文老师写下这本书的目的在于和朋友们分享幼年时在有院子的老家里的种种生活经历。由于是文老师和她的女儿瑞媛共同完成，这本书更显得弥足珍贵。

时至今日，文老师已出版的作品有《黎明之家》、《谁都没听过她的故事》和《我爷爷和奶奶的梦想》。

今后，文老师还将继续为孩子们带来有趣的图书作品。

赵美子 / 绘

毕业于弘益大学绘画系，现于江原道春川市从事图画创作。

为《无事可做的四年级》、《跟猫搭话》等众多童话配图。独立完成文字和图画创作的图书有《某个公园的一天》、《用“ㄱ”拼个“球”》、《妈妈画的小鸟》和《蜘蛛顺着蛛丝爬上去了》等。

本书所有动植物名由国家林业局规划设计院专家审定，特此感谢！

我的后院观察日记

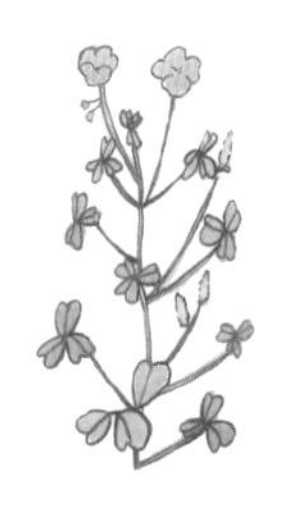

我的课外观察日记 3
我的后院观察日记

图书在版编目（CIP）数据
我的后院观察日记/（韩）文瑛美著 ；（韩）赵美子绘 ；秦晓静译.
—北京：北京联合出版公司，2011.12
（我的课外观察日记）
ISBN 978-7-5502-0330-3
Ⅰ.①我… Ⅱ.①文… ②赵… ③秦… Ⅲ.①动物－少儿读物 ②植物－少儿读物 Ⅳ.①Q95-49②Q94-49
中国版本图书馆CIP数据核字（2011）第239381号
北京市版权局著作权合同登记图字：01－2011－6308

丛书总策划/黄利 监制/万夏 责任编辑/李征
编辑策划/设计制作/**奇迹童书** www.qijibooks.com

我的课外观察日记 3
我的后院观察日记 [韩] 文瑛美／著 赵美子／绘 秦晓静／译
北京联合出版公司出版（北京市西城区德外大街 83 号楼 9 层 100088）
北京瑞禾彩色印刷有限公司印刷 新华书店经销
110 千字 720 毫米 ×1000 毫米 1/16 12.5 印张 2012 年 1 月第 1 版 2015 年 1 月第 5 次印刷
ISBN 978-7-5502-0330-3 定价：79.90 元（全三册）

我的课外观察日记 3

我的后院观察日记

[韩] 文瑛美 / 著
[韩] 赵美子 / 绘
秦晓静 / 译

北京联合出版公司

春天，春天，春天来了！

春天里最忙碌的花铲大嫂.

秋天忙着清扫落叶的耙子爷爷.

我总是在盼望着春天的到来。
尽管下雪的冬天也不错，
可一到春天我就能在大大的院子里玩了。
放学回到家，扔下书包，我一定会冲进院子里。
奇怪的是，不管在那里玩多久我都不会觉得烦，
因为我总能发现新鲜的东西。对了，给大家介绍一下我吧。
我的名字叫宝拉，很喜欢院子里盛开的紫色的花。
就在我出生的前几天，妈妈梦见小鸟在梦幻般美丽的庭院里唱歌。
这样一来，我哪会不喜欢在院子里玩呢？

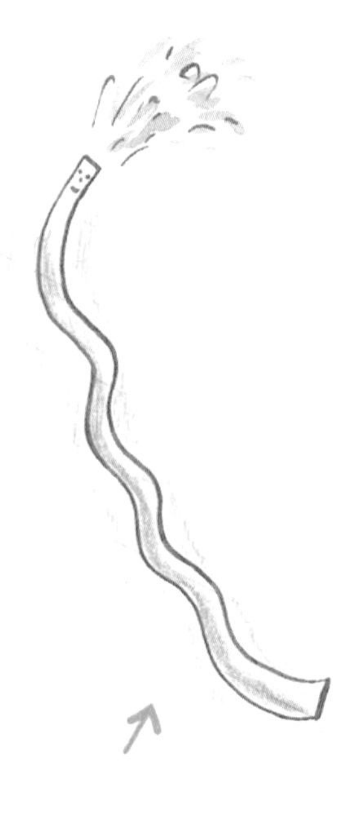

急着报春讯的小草迫不及待地穿过冰冷的土层，冒了出来。
新闻里面说现在是“春寒未尽”。
可今天阳光特别温暖，真和春天来了似的。

喜欢玩水的胶皮管阿姨和喷壶哥哥.

我四仰八叉地躺在草地上，像卷紫菜包饭那样滚来滚去。
嘻嘻，这可是妈妈最讨厌的玩法了。
衣服上，还有头上，全都粘满杂草。
告诉大家一个秘密，和好朋友抱在一起卷紫菜包饭更有趣哦。

力气超大，一次能挖起很多土的铁锹大叔.

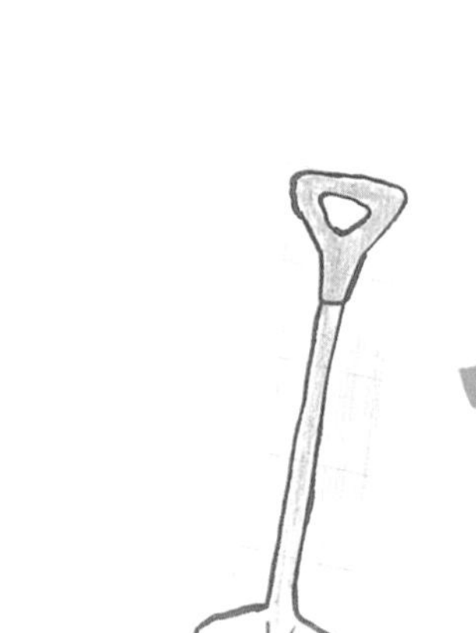

挖菜累得弯了腰的刀子奶奶.

很会挠痒痒的锄头姐姐.

仔细找一找，你会发现荠菜和艾草正往外探脑袋呢！就跟玩拼图游戏一样。荠菜的叶子长得像尖尖的锯齿，身子像坐垫那样扁扁地贴在地上忍耐严寒，为的是迎接春天姐姐的到来。要是这样你还找不到它们的话，还可以闻着味道找过去。荠菜能散发出一股让人食欲大开的清香味。要是把叶子或者根放在嘴里稍微嚼一嚼，就更能尝到它的味道了。

好，带上刀子奶奶和篮子了没有？

荠菜根有些苦又有些甜，和桔梗差不多。中午，我们要把挖来的荠菜焯一焯拌酱吃。嗯，肯定很美味。

刚开始很不好找的荠菜，挖着挖着就能发现院子里到处都是。

刀子奶奶挖野菜累到弯腰的悲伤往事

“什么？想听听我的背为什么会弯成这样啊？荠菜长长的根是很好吃，可是我们刀子要往地里扎很深才能挖得到。伸进土里后，为了让荠菜根上的土变松动，人们就会使劲儿摇晃我。这样一来，我的背还有不弯的道理呀？再加上，有一年春天，主人挖完野菜就那么把我扔在了院子里。刀刃变钝了不说，淋过雨后我身上还生出了铁锈。唉！第二年春天，我就变成了挖野菜的刀了。孩子们，可得好好照顾我这个老太太啊。”

荠菜和艾草之后长出来的春季植物是垂盆草，又叫石上菜。是因为能在石头缝里生长，才叫石上菜的吗？市场上也有人管它叫石指甲。石上菜的叶子像小孩子胖乎乎的手指。用酸辣酱凉拌或者拌米饭都非常好吃。

我爷爷奶奶爱吃石上菜水泡菜，他们还在世的时候每年都会做。“奶奶，我也想尝尝您亲手做的水泡菜！”

暮春的时候，它又会开出星星点点的小黄花。这可不是要生种子了，而是要深深地把根扎到泥土里，在整个院子里繁殖开来。

哇！小小的花朵像爆竹一样布满了院子。荠菜花、葶苈、堇（jǐn）菜、石上菜、蒲公英，还有我叫不出名字的蓝色小花，全都开了。有的人家嫌它们是杂草，全都给拔掉了。我倒觉得院子里有那么多种野菜和小花挺不错的。

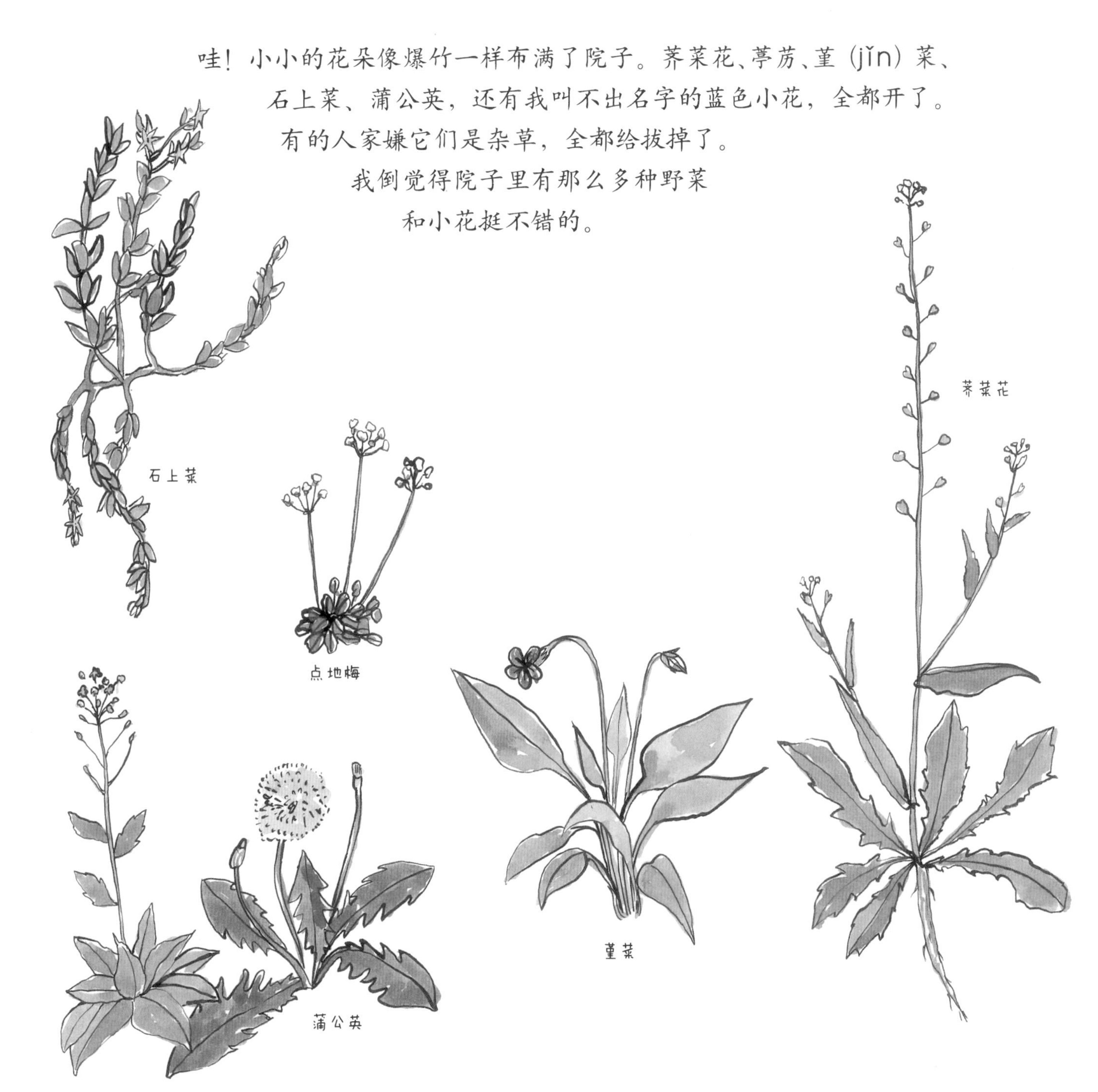

咕嘟咕嘟的艾草大酱汤

和荠菜一起长出来的伙伴是艾草。到了春天，它们就会噌噌噌地冒出来。呵呵……还在初春的时候，就能拿它做好吃的艾草汤、炸艾草、拌艾草、艾草糠疙瘩。个头大的艾草不适合食用，但是可以制成美容和帮助消化的药材。

我的季节性皮炎就用艾草治疗过。蒸锅里面放上干艾草和水，烧开后水会变成褐色。用它洗澡，不光味道好闻，皮肤还能变光滑呢。艾草捣碎后，会流出绿色的液体，沾在衣服上很难洗掉。看来是因为这个原因人们才用艾草染色的。

我们要用今天挖到的艾草做大酱汤喝。

炸艾草吃多了会有些腻。因为只有现在才能有这个口福，无论如何都做一回。

“咯咯咯咯……”

我们正吃炸艾草呢，外面的喜鹊突然乱叫起来。往外一看，原来两只喜鹊正在攻击趴在树上的小猫。那是一对在树上筑巢产卵的喜鹊夫妇。看来，它们认定了小猫是去偷喜鹊蛋的。

怎么救出小猫呢？我和妈妈把喜鹊赶走后，站在椅子上开始了生死大营救。

“哎呀，你爬到树上干什么？”

“我爪子痒痒，所以……嗖嗖爬上去的时候感觉也还好，但往下一看头晕死了，自己下不来了。晕晕乎乎地正喵喵叫呢，这两只喜鹊

就突然飞来袭击我。再小的猫宝宝，也不能伤害人家的自尊心吧。话又说回来，喜鹊个头怎么这么大呀？比我都大！"

香喷喷的艾草大酱汤

1. 在向阳的地方挖一些才长出来的嫩艾草，收拾干净，洗一洗。要不然，草屑什么的就会跑到汤里面去。

2. 把鳀鱼放在水里煮开，留下鱼汤。（捞出的鳀鱼给小猫吃。）

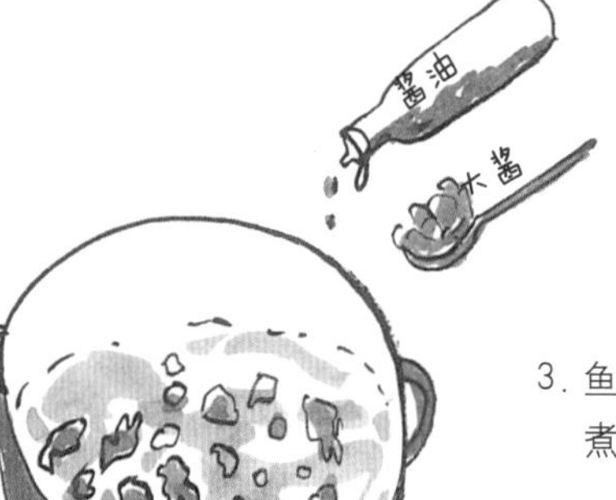

3. 鱼汤里放入艾草和大酱煮开（还要放点儿酱油）

4. 最后放些葱，爽口的艾草大酱汤就完成了。春天吃，能让人胃口大开（为什么大人们说滚烫的汤很爽口呢）

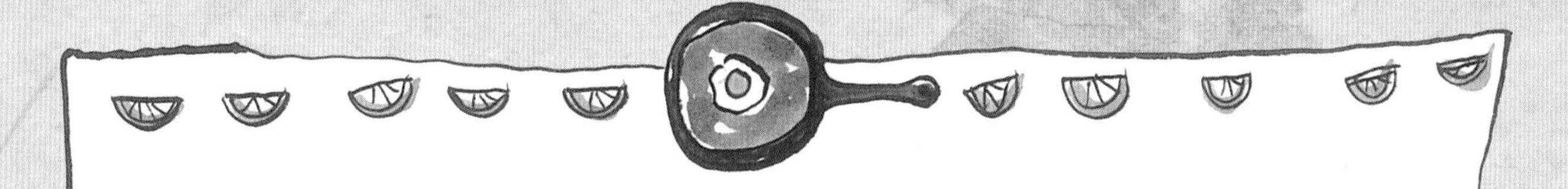

脆脆的炸艾草

1. 挖一些长得不算大的艾草，清洗干净，再把水控干。

2. 把一半面粉、一半土豆粉、盐和水混合均匀，调拌成稠一点儿的炸浆裹在艾草上（光用炸浆粉也可以）。

3. 煎锅里面倒足油，一团一团地炸。

4. 炸好了趁热吃才叫香呢。咔嚓咔嚓！

到了春天，万物复苏，四处都冒出了新芽。那是整个冬天待在地底下的球茎和根发芽了。其他的花，则需要每年重新撒种子。

嫩芽是不能踩的，我得赶紧给它们做上标记。附近的小孩玩得高兴了会跑进来到处乱踩。先用油画棒画出花的样子，再剪下来贴在雪糕棍上，插在新芽旁边。

这些小芽什么时候才能开花呀？为了让它们快快长大，我添了好多营养土。

荷包牡丹早春就会开花，样子像极了荷包。它英文俗称的意思是滴血的心，还真的很像是在啪嗒啪嗒滴血呢。

红色郁金香白天盛开。到了晚上，也许因为温度降低，花瓣会聚拢起来。它们是不是想早早地传播春天的消息呢？

除此之外，还有些名字滑稽（jī）的花，像袍（páo）子尿［腺萼（è）落新妇］、喜鹊胡子（狼尾巴草）、虎耳草、石红叶［槭（qì）叶草］和白头翁花…… 哎呀！简直太多了。春天真是个鲜花的海洋！战胜严寒的花儿，欢迎你们！

蚯蚓制造的营养土

秋冬季节做好了，春天用刚刚好。
因为腐烂的时候臭味儿能小一些。
这里面要数落叶最奇怪了，时间长了，气味反而更好。
把腐殖土、食物残渣、草和草木灰之类（能找到什么算什么）
堆在院子一角，
再和土混合均匀，就能慢慢变成营养土了！
还要时常翻一翻，好让它通风。
这时候要是碰到蚯蚓也别太大惊小怪。刚开始我也挺害怕，
还得戴上手套，不过现在已经完全适应了。
蚯蚓是益虫，是帮我们把土壤变肥沃的好朋友。
有了养分充足的营养土，花和蔬菜就能长得更好，
还能结出个头大大的果实。

这是我想象中开满鲜花，结满果实的院子。

啊，我们刚在那儿撒过菠菜种子

"撒种子真有意思。"我从蹒跚学步的时候起就瞒着妈妈偷偷撒种。

本来以为春天到了，一场雪过后，温度又降了下来。所以，要想在院子里撒种或者移种青苗的话，就得等到植树节过后了。不然，小苗都得冻死。

我和妈妈掰着手指头等着这一天的到来。哪一天？能在院子里播种的那天呗。

就像上面我地图里画的，最前面撒的是小个子的菠菜、茼蒿和生菜种子。后面种了个头高一些的辣椒、圣女果和茄子。为了防止有的伙计长大后歪倒，我们还在一旁插上了木棍。另外，还有一排能顺着杆儿往上爬的藤蔓植物——豌豆。金盏花被我们种在这些蔬菜的空隙里。它的气味浓烈，能帮着驱虫。而且，金盏花能一直开到下霜之前，即使到了秋天，院子里也不会太冷清。

院子里终于出现蝴蝶了！小猫高兴地跳来跳去扑蝴蝶。

啊，小猫咪！我们刚在那儿撒过菠菜种子！

播种之前，我们捡干净石头，又在院子里松了一遍土。
这不，小猫跑过来一阵乱滚后，又想要大便了。
它的大便太难闻了。这是为什么呢？是不是因为光吃肉的缘故？

"我也想在松软的泥土上方便方便！"

你好！我叫紫萼。

紫萼

“紫萼”这个好听的名字是主人家女儿宝拉给我起的。去年夏天，紫色的紫萼花盛开时，我来到了这里。嗯，就这样紫萼变成了我的名字。

在森林空房子里出生才没几天，我就和妈妈分开了。原本是出来找妈妈的，却走失在大山里。我又渴又饿，眼睛里布满了眼屎，浑身脏兮兮的。其实，我是只很爱干净的小猫咪。

走着走着，就来到了村子里。有个小女孩对着我喊：“小蝴蝶，小蝴蝶。”为什么人类要管我们猫咪叫蝴蝶？

她拿着一条鳀（tí）鱼，叫我过去。

我就乖乖地跟她走了。

饿了好几天的我，大着胆子跟她回到家。我喝到了水，还饱饱地吃了一顿鳀鱼拌饭。

我吃饭的时候，宝拉开始哭喊着要把我留下。因为我知道自己是只长相帅呆了的小猫咪……宝拉一下就被我迷住，也是有这个可能的。嘿嘿……

奶奶在厨房里说我身上又臭又脏，大吼着：“赶快抱出去。”那个狠毒的老奶奶直到最后也没喜欢过我。

受宠的小猫，臭美一下。“我漂亮吧？喵呜。”

“啊！有老鼠！紫萼啊，
快救救我们！”
食物残渣腐烂的过程中，来了一些
不速之客（嘻嘻，正是我爱吃的老
鼠）。这应该是妈妈收养我的另一个
理由吧。
1

整个夏天我都在练习捕猎。
狗尾草、慢腾腾的螳螂和苍蝇，
都是我练弹跳的对象。
我是螳螂。
2

终于开始挑战捕鼠新纪录了！
一般来说，我是不会吃掉它们的。
“你给我站住！”
1 2 3 4 5 6 7
“就不！”
3

为了向妈妈炫耀，我把死老鼠都放在门前。
今天的加餐会是什么呢？鱼骨头、金枪鱼汤
还是鳀鱼？
“我们家紫萼真的长大了，都能
帮妈妈抓老鼠了，谢谢你！”
一只、两只、三只、四只。
4

混口饭吃真是不容易啊。
这不，还得陪宝拉姐姐玩儿。
已经呆坐了一个
小时的紫萼。
5

我是只幸福的猫咪。
6

这是一个装在纸袋里的土豆。放在昏暗的地方都能长出这么长的苗。好玩儿吧？小苗在向着有光的地方伸展呢。

土豆发芽长叶了

我和妈妈第一次尝试种土豆了。加油，加油！

今天，铁锹大叔要比花铲大嫂忙，因为我们要挖深坑。

要是放在阳台上，土豆就会发芽。大家都知道，芽里含有一种叫做龙葵碱的毒素，这样的土豆是不能吃的。小土豆直接种到地里，大的要切成几块儿，这些小块叫做种块。

据说，要想让土豆收成好，就要多添营养土，还要堆高田畦。

我跟锄头姐姐一起把种块种到了地里。

“土豆土豆，快快长，多生几个小土豆出来啊。”

现在要做的，就是等待夏天到来。尽管我很想知道地底下的土豆长得怎么样了，可我什么都看不到。妈妈说，它们六月初开花，中旬就能收获了。一想到可以用土豆做好吃的，我口水都快流出来了。

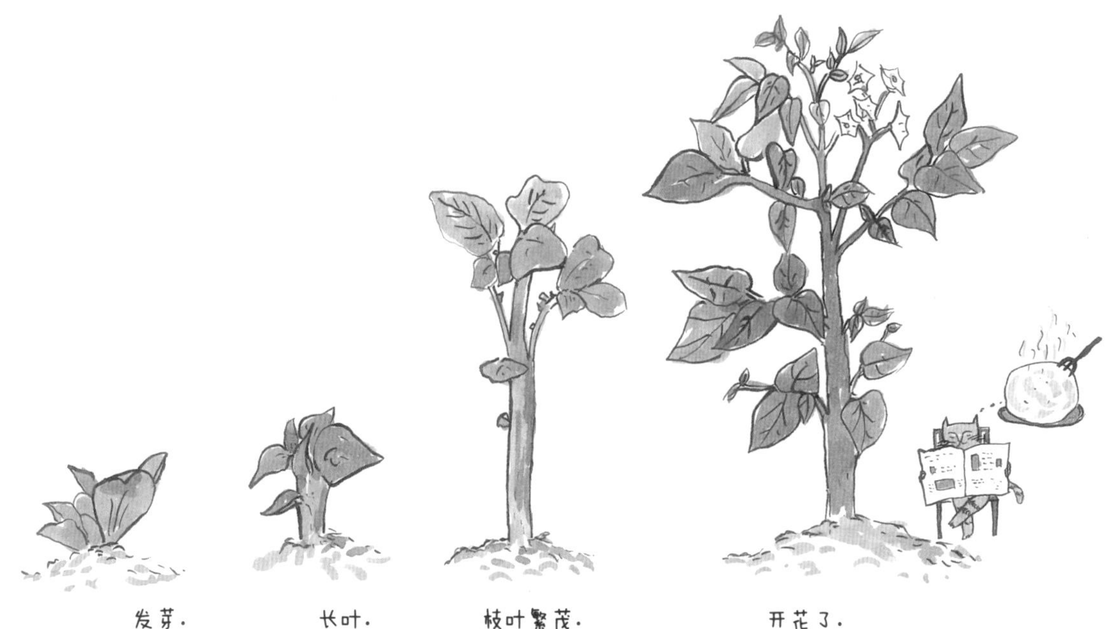

后山上，高高的洋槐树开满了雪白的花。一到下午，香气传来，房间里和院子里就到处都是洋槐花的香味了。被风吹掉的洋槐花，就好像冬天飘落的雪花一样美丽。小孩子们摘下花来吸一吸，能吃到甜甜的花蜜。可是，为什么到了傍晚花香才格外浓郁呢？

院子角落里盛开的紫色洋丁香花也很香。折下一枝插在杯子里，能把整个卫生间熏香，厉害吧！有没有一种方法能把洋丁香做成香水呢？

我家的卫生间里充满了洋丁香花的香味。

接下来这个要算是秘密了，洋丁香叶子可以用来捉弄朋友。你让他们用牙嚼一嚼洋丁香叶。等着看对方表情的变化，你就能明白了。哈哈哈哈。洋丁香叶特别苦，算是让他们吃了回苦头。

伴着洋槐花的芳香，小院和后山的夏天也要来了。

你们玩过弹洋槐叶的游戏吗？大家每人拽下一根叶子数量差不多的树枝。剪子包袱锤之后，赢的人可以用指头使劲儿地弹树叶。谁最先弹掉所有的叶子，谁就赢了。

胶皮管阿姨，给我一道彩虹吧！

春天的花开过一阵之后就轮到夏天的花了。树叶颜色变深的时候，草就会嗖嗖地疯长起来，得经常拔才行。

为了不让蔬菜晒蔫，早晚要让它们喝饱水。喷水喷得高兴了，胶皮管阿姨会给我做出一道彩虹来，还和我玩清水洗礼的游戏。嘻嘻，我还和胶皮管阿姨跳过绳呢。

茼蒿（tōng hāo）、菠菜和生菜长得正起劲儿。除了它们，院子里每年都会自己长出韭菜、野芹菜、蒲公英和苏子来。采摘这些菜的活儿都归我干。摘上满满一篮子洗干净，再稍稍撒些橄榄油和柠檬汁，我就能吃到清爽的蔬菜沙拉了。咦？豌豆也结了不少果实。豆荚里一排排整齐地坐着豌豆粒。豌豆粒兄弟们，你们怎么这么可爱呀？

悬赏通缉！可疑的小猫紫萼。

石臼(jiū)里种了睡莲。长相和小莲花相似的睡莲到了晚上花瓣合拢，白天又会渐渐开放，好像小沈清（古时传说中的孝女）马上要从里面出来一样。

我在水里养了一对穿红裙子的金鱼和一对大眼睛的黑金鱼，像跳舞一样来回穿梭的鱼儿好美啊。

第二天起来一看，其中的两只金鱼消失得无影无踪。我才养了一天而已呀。

金鱼们到底去哪里了呢？

小猫紫萼在一旁悠闲地舔着爪子，正在清理个人卫生。嗯，那可是它吃完东西后的表现……我一下子就弄清楚了谁是罪犯。这不明摆着是送鱼入猫口吗？

几天后，水里出现了叫孑孓(jié jué)的蚊子幼虫。它们一屈一伸地在水里游来游去。虽然也被金鱼吃掉了不少，可这么多孑孓要是都长成蚊子的话……

哎呦，好可怕。有没有其他动物能制止它们？夏天成群结对的蜻蜓倒是挺爱吃蚊子……

姓名：紫萼（♂）
一只虎纹小猫，
知道金鱼去向。

夏天开的花好香啊！

夏天的花和春天的花相比，要么味道香，要么又大又漂亮。仿佛只有这样，才能把蝴蝶和蜜蜂引来。要是不够显眼的话，就会被茂密的叶子挡住。除了牵牛花，这里的花都是每年从地里的根上发出新芽来。

妈妈最喜欢和自己一样满脸雀斑的百合花。百合的英文名字是 tiger lily，看来外国人认为它长得像老虎啊。

金盏花像簪子，花香比香水还要浓，还可以炸着吃。它的叶子又大又光滑，下雨的时候会有水珠骨碌碌地滚下来。

桔梗的花蕾凋谢时，特别像个小气球。院子里我最喜欢的是紫色跟白色的桔梗花。至于理由，你们肯定已经猜到了吧？

我咳嗽感冒时，妈妈拿锄头挖来了几年前种的桔梗，根比爸爸的手还要粗呢。切好的桔梗蘸着酸辣酱吃，味道非但不苦，反而很甜。怎么说的来着？“10年的桔梗赛人参”？

羊乳是藤蔓植物，喜欢顺着绳子往上爬。有一种天然的新鲜香味。褐色的花朵不够鲜艳，也不显眼，可它们小钟一样挂在藤上的样子还是挺小巧可爱的。奇怪的是，羊乳根配上作料烤着吃居然会有肉味。

给我们吹响起床号的牵牛花从一大清早开始就忙着开花。太阳光变强了的午后它会把花瓣合拢。它的种子能够自己成熟掉落，没必要另外播种。我们院里的牵牛花多得都得往外拔了。

芋头没有花，大大的叶子可以在雨天时为我们充当雨伞。每年只有中秋时候挖出的根可以做芋头汤喝。奶奶说，芋头有股麻味，做的时候得在水里泡很长时间。芋头吃起来就像滑溜溜的小土豆。我还有个很好玩的游戏推荐给大家：我们可以把水洒在芋头叶子上滚水珠玩。大家试试看吧，真的很有意思。

硕果累累的土豆！

雨季来临之前，我们决定收土豆了。哇，太棒了！

土豆长得怎么样了？快去挖吧，我都等不及了。从春天开始，我就盘算着该用它做些什么好吃的。

这期间，土豆开出了白白的花。拨开茂盛的野草和土豆茎蔓，开始刨土喽。一只手里提着锄头姐姐……好，开始！从湿润的土里拎出成串的土豆，简直比寻到宝贝还开心。

“锄头姐姐，小心点儿啊。别把土豆们碰伤了。”

小小的种块能生根发芽，结出这么多大大小小的果实，是不是很让人吃惊？为了不落下一个土豆，我戴上手套在田畦里仔细寻觅了一遍。一篮子土豆挖下来，我额头上也冒出了一颗颗晶莹的汗珠。

筋道的土豆煎饼

1. 土豆去皮，用礤（cǎ）板擦碎。

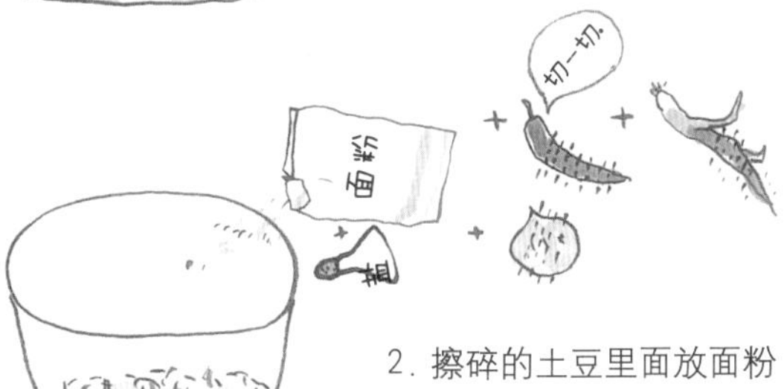

2. 擦碎的土豆里面放面粉和一些盐（没有红辣椒、葱、洋葱也没关系）。

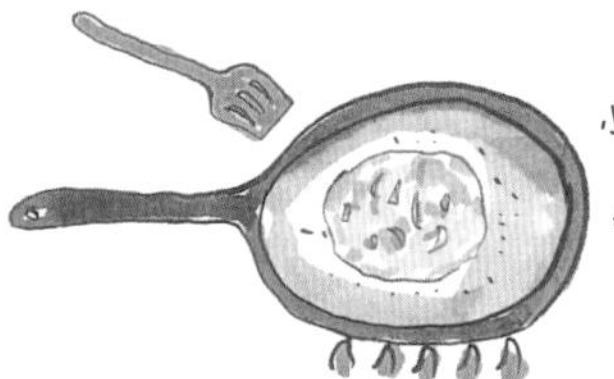

3. 在煎锅里烤得黄澄澄的。

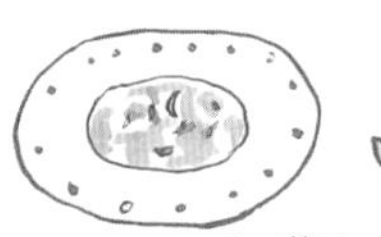

4. 蘸上调味酱油咬一口，真好吃。

软软的土豆泥

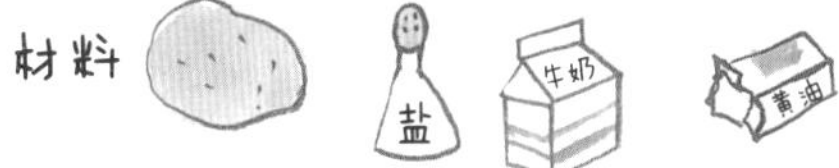

1. 土豆去皮，蒸熟（用高压锅蒸会更快、更好吃）。

2. 使劲儿把煮透的土豆压碎。

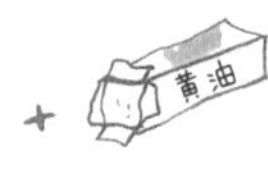

3. 放上盐、牛奶和黄油，搅拌均匀。

4. 趁热吃下去，软得都能在嘴里化开。

我想象中的普通鸮（xiāo）

黑枕黄鹂

妈妈说，现在是暮春时节。一到这个时候，普通鸮又飞到了我们这里。普通鸮又叫夜猫子，晚上叫，声音很清脆。可它们白天干什么呢？我到现在都没见过这种鸟的庐山真面目，心里格外好奇。老人们说："不怕夜猫子叫，就怕夜猫子笑。"夜猫子咕咕咕叫的话，好像在说，小锅不行快快准备大锅来，意味着当年要丰收。夜猫子笑起来咯咯咯的，很吓人，意味着当年不会有好收成。可我不管怎么听都是又像咕咕，又像咯咯。谁知道呢，呵呵。

白天，黑枕黄鹂会吵吵嚷嚷地飞过来。它全身羽毛都是黄色的，很容易看得到。大大的嘴巴又是朱黄色的。黑枕黄鹂长相漂亮，可叫声实在很奇怪。

"嘎啊——嘎啊——嘎啊，啁啁啾啾，吼吼。"

这么能吵的鸟，怎么能叫黄鹂呢？普通鸮长得怪异，可唱得好听；黑枕黄鹂虽然漂亮，唱得完全跑调，哈哈。

小鸟总是飞来飞去的，费很大劲儿也很难看仔细。

我趁它们飞到跟前的时候，赶紧画出来，然后再去对照图鉴。本来还想把叫声也记下来的，太难了！

黑枕黄鹂和普通鸮能听懂对方的话吗？

"小小的黄鹂真是吵死人了.
动作也挺麻利的."

茅草编的笊篱

坐在草地上玩儿的时候，能看到结出黑色草籽儿的茅草穗。我来用它编个笊篱吧。过去，米里面石头很多的话，用笊篱洗一洗就能把石头淘出来。这是一种现在不常用的厨房用具。

1. 先多拔些结种子的长长的茅草。

2. 把一根茅草茎做成圆形，再用另一根交叉夹住，末端用线子绑上。

3. 像织布那样，穿上来一根，伸下去一根。

4. 都穿满之后，笊篱就算编好了。

带弟弟妹妹看星星

茅草做的笊篱像席子一样光滑，我总想摸它。我再告诉你们一个用茅草穗玩儿的游戏好了。

掐一段带穗儿的茅草茎藏在背后。对弟弟妹妹说：“信不信，我能让你们看见天上的星星。过来闭上眼，张开嘴巴。”要是他们真张开嘴了，你就把茅草穗放进去，让他们闭紧嘴巴。这时候，把茅草穗一下拽出来，他们就会满嘴都是星星一样的草籽儿了。嘻嘻。

漫长的雨季

妈妈担心雨下得太大，掏完堵在铁管里的树叶，又得忙着用铁锹大叔在院子里挖小水沟。此时此刻我在做什么呢？正举着一片芋头叶子在外面听下雨的声音呢。

雨点滴到我的芋头叶伞上、花上、树上，还有小水坑里，啪嗒啪嗒的声音简直太美妙了。挂在树叶尖上的水珠就像一颗颗滚圆的珍珠。

雨下得时间长了，花都不怎么开了。当然也有例外，清晨开花后很快又合上的紫露草，即使在雨中也开得很欢。这种紫色的花，我特别喜欢。

浅裂剪秋萝，俗称童子花。传说中，有个小和尚苦苦等待师父回来，最后却又冷又饿地死在了小庙里。小和尚死后，坟墓上开出了一种小花。这就是被人们称为童子花的浅裂剪秋萝。整个雨季，朱黄色的童子花都能冒雨开放。

雨停之后，蜻蜓就会成群结队地飞来！

这时候，知了和草里的小虫子们也该开始高声鸣叫了。

用大人们的话来说，我家的院子里夏意正浓，呵呵。

制造
杀虫魔法水

不要以为有了害虫就一定要洒杀虫剂，因为益虫同样会被杀死，还会影响小鸟和其他的昆虫。当然了，我和紫萼也会被杀虫剂害得呼吸困难。听说，连杀蚊子的消毒药都对人体有害呢。下面，我就来介绍几种简单又有趣的杀虫秘诀。

★ 杀虫秘诀 1

1. 把三个红辣椒、四个洋葱和一头蒜放在搅拌机里搅碎，再加些水，放一个晚上。
2. 第二天，用细筛子滤出渣子，埋在玫瑰或者菊花根旁的土里。
3. 剩下的魔法水里倒入适量清水，就可以装进喷雾器里了。用来对付玫瑰、菊花和大字杜鹃上的虫子很有效。下过一场雨之后，要记得再喷一次哦。

"感觉自己变成了猫咪魔法师。"

★ 杀虫秘诀 2

把烧木炭得到的木醋液掺在水里喷一喷也能杀虫。只不过，木醋液有很浓的熏肠味，粘在衣服上的话很难除去，大家要小心。

★ 杀虫秘诀 3

厨房清洗剂掺上水也可以，能百分之百杀死尘螨（mǎn）。

★ 杀虫秘诀 4

种植能驱虫的植物。在地里间种一些金盏花、大波斯菊、天竺葵、旱金莲或者辣椒的话，既漂亮又能驱赶虫子。因为虫子们不喜欢它们散发出来的气味。

★ 杀虫秘诀 5

把香烟放在水里，泡出含有尼古丁的水来。你也可以把它喷在家里。虽然能赶跑虫子，可缺点是家里满屋烟味。嘻嘻。

用秋白菜腌泡菜？

夏天快结束的时候，早晚的风变得凉爽起来，我又可以种菜了。后院的叔叔早就种好了萝卜、葱和做过冬泡菜用的大白菜。我们也打算拔掉春天种的菜，重新种上白菜苗，再撒上些耐寒的菠菜种子。这样的话，一直到12月，我们家都能吃到新鲜的菠菜啦。

整个夏天胶皮管阿姨都没闲着，浑身上下粘满了泥巴。今天，还少不了要麻烦她，因为要给新种的白菜苗浇足水。说实话，虽然种白菜也挺有意思，但我更喜欢的是跟胶皮管阿姨闹着玩。

白菜的长势很不错。可几天后白菜叶上面，却爬满了青虫，叶子被它们咬得都是窟窿。白菜很容易生虫，要打很多农药。我们约好了绝对不用农药，于是戴上手套开始捉虫。那些小虫子的确有点儿恶心。最后，还得用我们精心调配的杀虫魔法水。

晚秋时白菜都长成后，要用绳子牢牢绑住。不被阳光晒到，菜心才能保持白色。尽管我家的白菜没用来做过冬的泡菜，但后来也被做成白菜大酱汤和凉拌小菜吃了。

奶奶牌凉拌小菜

1. 把白菜洗干净，再撕成能一口吃得下的长条。

2. 放进辣椒面、红辣椒（去掉种子，切细）、葱、蒜泥、鱼子酱和虾酱拌一拌。（要是不带塑料手套，手会被辣得受不了。）

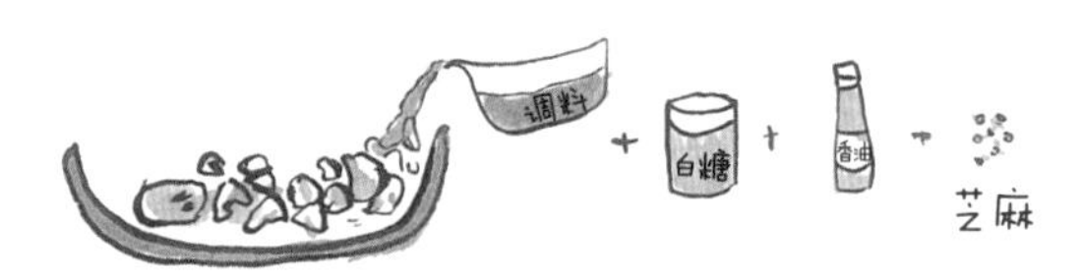

3. 把准备好的调料和白菜拌匀。最后用香油和芝麻提味。这种凉拌小菜和沙拉一样，很快就能做出来。

过家家——腌泡菜

这可是妈妈传给我的手艺，呵呵。

1. 摘些和白菜相似的大叶草，用刀拉上几道口子。（这样就会像盐腌过那样软趴趴的了。）

2. 像切葱那样，切一切那些细长的草。

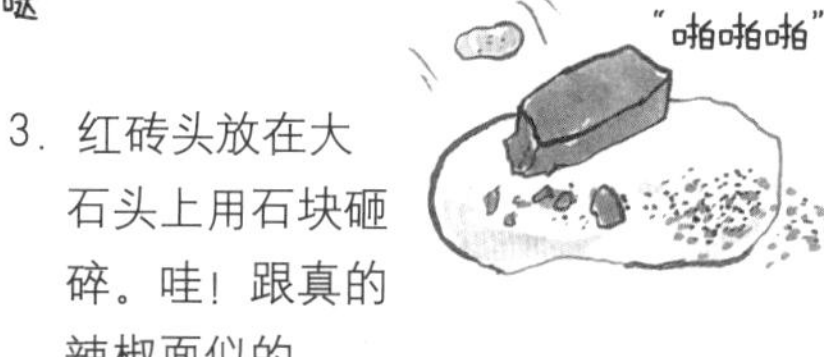

3. 红砖头放在大石头上用石块砸碎。哇！跟真的辣椒面似的。

4. 把美味的叶子和“辣椒面”拌匀。

5. 装在小坛子或者玻璃瓶里，埋进地下。大功告成！

美食要点：千万不能真吃！

谁藏在了紫杉树上？

“哔、哔、哔哔，这里发现紫杉木果实，完毕。你们也过来吃吧。另外，树下有只猫，请小心，完毕。”

秋天到了，花、草和树木都纷纷开始结果了。

小鸟们也要赶在食物缺乏的冬天到来之前，抓紧时间多吃些果实和种子。

小紫萼正悄悄地藏在紫茉莉后边看着什么。

该不会是想捉只栗耳鹎（bēi）吧？果实——鸟——猫，构成了我家院子里的食物链。

秋深了，紫杉树上挂满了红艳艳的果实，就像圣诞树上一闪一闪的小灯。果实里包着黏糊糊的液体和种子。

你知不知道谁爱吃紫杉木的果实？就是树林里的小广播——栗耳鹎。栗耳鹎是我们这里的留鸟，个头中等，下巴是青灰色的。头上跟没梳过一样蓬蓬着，样子挺可爱。去年春天，我见它吞下过整朵的迎春花，你都不知道当时我有多么惊讶。听说，紫杉木的果实它也能整个吞下去，种子通过粪便排出来。

雌雄栗耳鹎成家后会一同活动，一只吃东西的时候另一只会替它把风。

我也好奇地尝了尝紫杉木的果实，根本没什么味道嘛。

制作马唐草雨伞

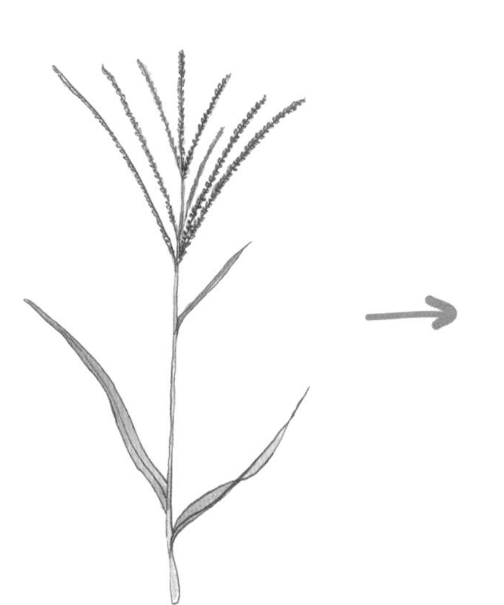

1. 找棵结了穗子的马唐草。
（我们直接叫它雨伞草。）

2. 把它的穗子像小伞那样
一根一根地弯成圆形，
再用另一棵草绑住。

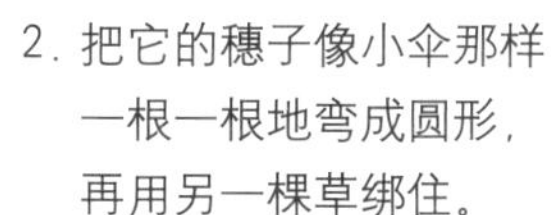

3. 抓住固定的地方，
推上去，又拉下
来就可以了。

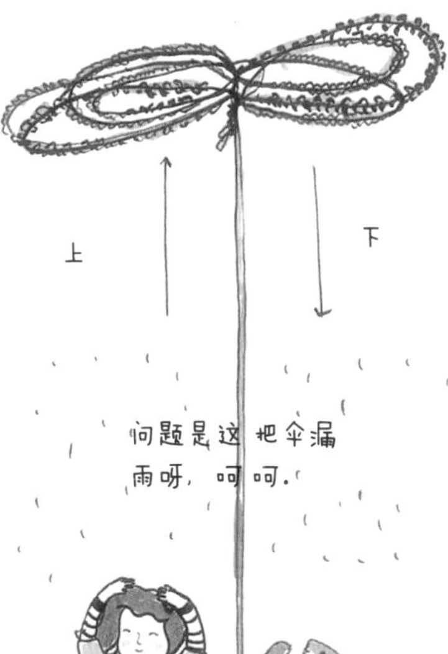

古时候的女人真的抹紫茉莉粉吗？

太阳快落山时，紫茉莉就会开花。为什么要在晚上开花呢？据说，古时候，女人们看到紫茉莉要开花就会回家准备晚饭。紫茉莉有的开深粉色的花；有的开黄色的花；还有的是混合了两种颜色的小花脸儿。把去掉花蕊的花轻轻地放在嘴里一吹，能发出“嘟嘟”的声音。

花谢之后，会结出黑豆一样的种子。切开种子，能看见里面白色的粉末。现在明白紫茉莉为什么俗称粉花了吧？ 我把里面的粉末用石头磨细后抹在了脸上。古时候的女人真的抹紫茉莉粉吗？

这就是龙葵。

向日葵花房里有好多房客

中秋节的时候，表姐来我家了。我们一起摘龙葵，还拿它玩过家家了呢。龙葵是一种黑黑的，像小葡萄那样的果实。我们把它磨碎，做成了龙葵果汁。听说人也可以吃，只是吃多了有毒。

我们用花瓣装饰泥土做成的蛋糕，还用泥巴做了年糕。豆沙嘛，要么找蚊香烧过后的白灰，要么直接用沙子代替。怎么样？想不想尝尝看？

秋天，适合我们搜集长相各异的种子和果实。

花的样子各不相同，种子也没有长成完全一样的。有的种子比芝麻粒还要小，有的像苍耳一样粘在衣服上，有的又扁又大。神奇的是，各自的花和种子却长得很像，也许因为它们是一家人才会长相差不多吧。

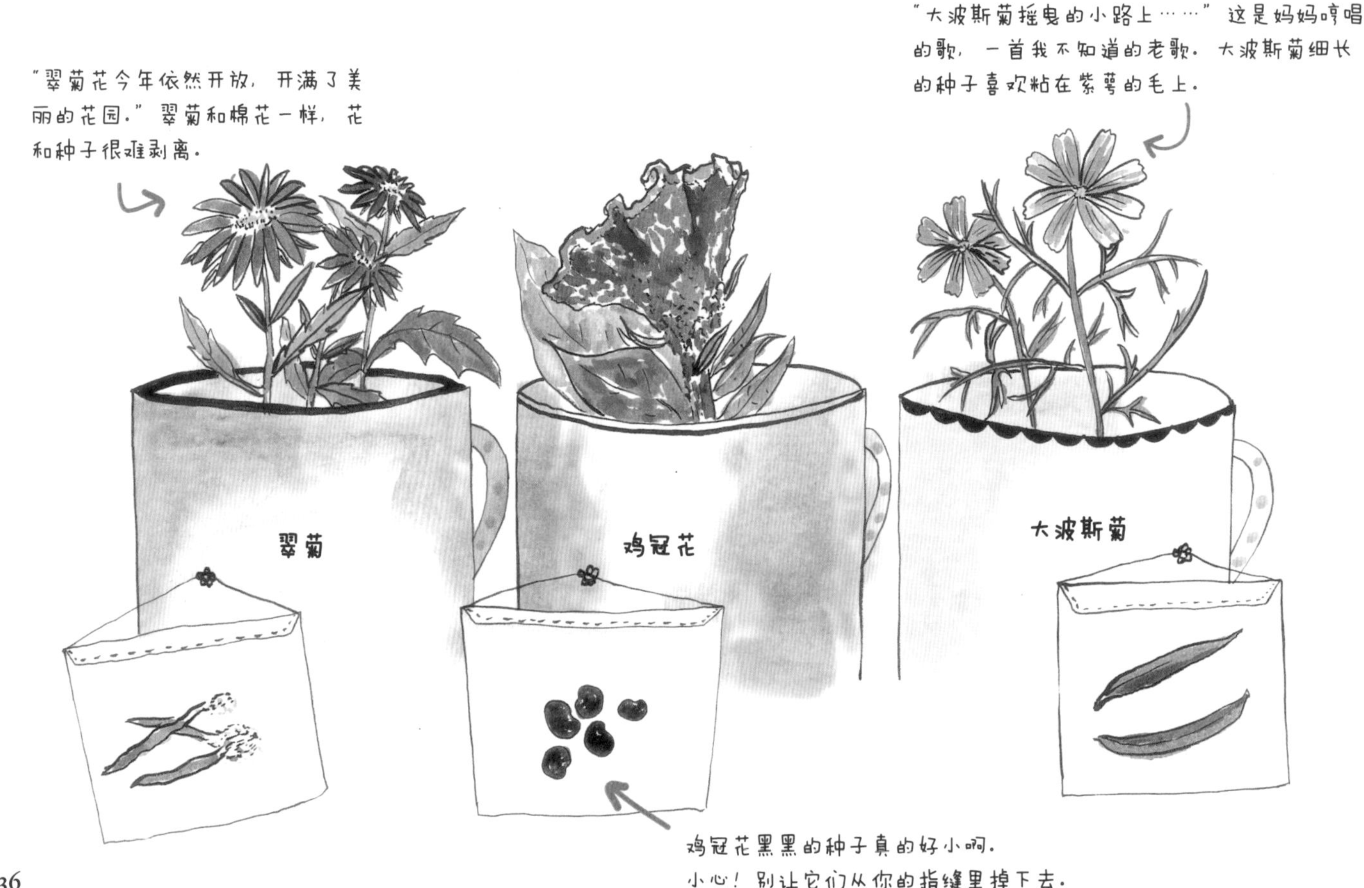

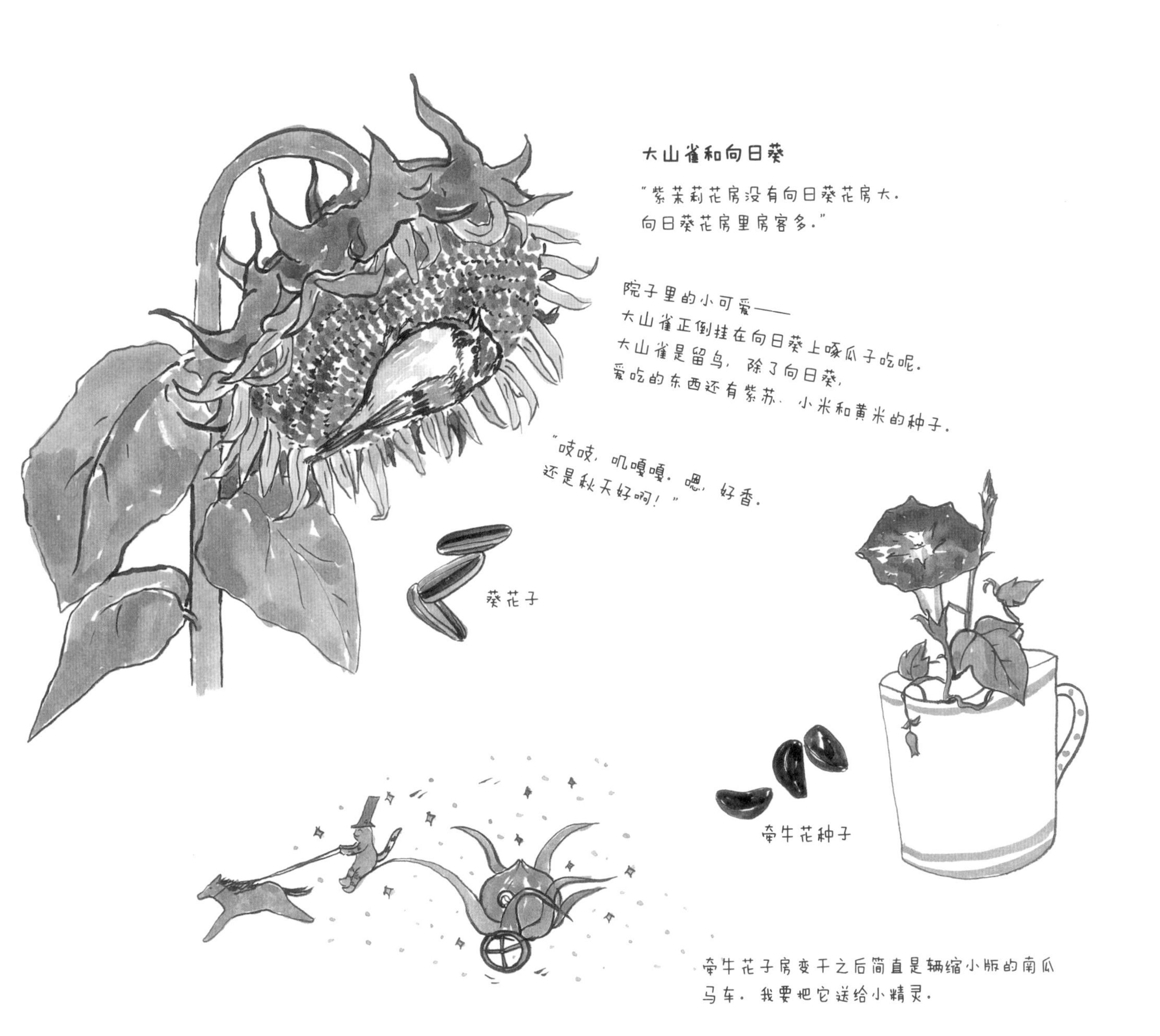

吹酸浆果！

酸浆果初夏时开白花。到了秋天，淡青色的果子会渐渐成熟，变成朱黄色。据说，过去人们嘴里闲着无聊时，就嚼嚼酸浆果，很像现在吃口香糖。我也试了好几回，只是一次都没成功。

首先，拨开小凉帽一样的外皮，就能看见圆滚滚的果实了。然后，要用牙签把果实里面的种子挑出来。千万小心，别把小洞弄烂了！

最后，把气球一样肚子空空的酸浆果放在嘴上一吹一吸。

防止柿子早早从树上掉下来的方法。

这是邻居家爷爷教我的一种祖传秘诀。具体是这样的：煮骨头汤剩下的骨头烧一烧（气味非常难闻）。把烧过的骨头弄成粉末，埋在柿子树下面。这样一来，就算风吹雨打，柿子都不会轻易掉下来了。神奇吧？

今天摘柿子

“快让我伸个懒腰。”

这段时间一直待在储藏室里的耙子爷爷终于出来了。

到了秋天，要数耙子爷爷最忙了，因为他经常得去收拢落叶。而今天，好像有件特殊的任务正在等着他。

因为柿子树特别高，高个子叔叔把耙子爷爷绑在长杆顶上，这才爬上了梯子。为了不摔坏柿子，我们在树下铺了张柔软的席子。我负责拿着篮子捡柿子。

叔叔一下折断了根挂满果实的树枝，放在了席子上。

喜鹊和栗耳鹎总是来胡乱啄柿子。尽管没有完全成熟，我们还是决定今天就摘。还没熟透的放在家里也能熟成我爱吃的甜柿子，阳光充足，温暖的地方熟得快；阴暗凉爽的地方熟得慢。

我们一开始摘的时候，喜鹊和栗耳鹎就远远地站在一旁看。

春

柿树叶比其他的树出叶慢。柿子花是种白白的小花，猛然一看，很难发现。还可以用线把花串起来做项链。

夏

花落的地方会结出小小的果实。雨季到来时，快速长大的柿子经常会被打下来。这时候的它们还是淡青色的。

秋

经历过风雨洗礼的柿子才能熬到秋天。据说，柿叶茶有丰富的维生素C，对感冒很有疗效。

冬

把软柿子整整齐齐地码放在坛子里。冬天吃一个，简直是天然冰激凌。啊，我又要流口水了。

跑接力的葫芦和丝瓜

“什么？你说我们跑接力吗？”

我在去年春天葡萄藤爬过的架子旁边种了葫芦和丝瓜。它们两个都是喜欢沿着架子向上爬的植物。一到了夏天，白色的葫芦花和黄色的丝瓜花像跑接力一样开了起来。为什么这么说呢？因为丝瓜白天开花，葫芦则是晚上开。满月下的白色葫芦花，好浪漫呀！

进入秋天，淡绿色的葫芦和丝瓜开始了结果接力。它们藤蔓上果实累累的样子可爱极了。开始的时候，丝瓜挺像黄瓜，可长着长着表面会越来越平滑。等丝瓜老到又干又皱的时候才能用来刷锅刷碗。

我不知道葫芦应该什么时候摘，就跑去问了问邻居家爷爷。爷爷说：“你找个尖尖的东西捅捅，扎不透的话就证明已经熟了。”

没熟透的葫芦摘下来会打蔫，容易坏。就算我再想摘也得耐心地等下去。最后，摘下的葫芦装了满满两桶还剩下一些。几颗种子能结出这么多葫芦，是不是挺让人吃惊的？我得和朋友们分享劳动成果去了。

“怎么样？月亮很美吧？”

“我还是喜欢太阳。”

用真正的丝瓜瓤洗澡

摘下黄黄的干丝瓜，剥开外皮。神奇的是，里面真的有丝瓜瓤呀。浑身都是窟窿眼儿的丝瓜瓤里，装满了西瓜子那么扁的黑色种子。可以下面铺张报纸，把种子敲打出来。一个丝瓜的种子足足能铺满整张报纸。如果你想来年再种的话，就得保管好这些种子了。

我把丝瓜瓤剪成段儿，一半放在厨房里刷锅刷碗，一半用来搓澡。

用天然的丝瓜瓤洗澡挺痒痒的。干的时候，看起来很粗糙。可打湿以后，却柔软得恰到好处，搓起澡来好舒服呀。呵呵。哇！真好！过去的人们肯定是拿它当澡巾用的。

想一直保存下去的葫芦们

1. 用刀把大葫芦切两半。小心！小葫芦，只需要在底部用锥子扎个洞就可以了。

2. 用勺子把种子掏干净。洗干净后，晾干。没切开的小葫芦种子可以不用掏出来。

3. 往铁桶里倒水，直到能没过葫芦，煮上两个小时左右。这样葫芦才不会腐烂。

4. 用勺子或者柔软的洗碗布去掉外皮。只有剥到光滑表皮那一层，才能做成又白又漂亮的水瓢。(哎呀，好累。几天里，我们每天晚上都在剥葫芦皮中度过。)

5. 把葫芦挂在晾衣绳上彻底晾干。我们做的葫芦放多久都不会变形。

葫芦可以这么用

1. 用笔或者颜料画上画，就是一件让人感动的礼物！

2. 去山泉那儿舀上一瓢水，味道好极了。

3. 没切开的小葫芦可以当小宝宝的摇响器。摇一摇，里面的种子能发出沙沙的声音。哪怕放在嘴里咬也没关系，它是种纯天然的玩具。过去的孩子们有没有玩过葫芦呢？

4. 给葫芦系上红色和绿色的蝴蝶结能用来装饰圣诞树。

我身上仿佛散发出了秋天的味道

我和朋友的合影。
看到快遮住我脸的玉兰叶子了没？

掉满落叶的地面就像用各种颜色的叶子绣成的地毯。鸡爪槭树下的叶子是深橘红色的，洋丁香树下的叶子是紫黄色的。还有一棵大得都能罩住我家房顶的橡子树，院子里到处都能看到它被风吹落的树叶。足以遮住我脸的玉兰叶还泛着青色呢，也在簌簌地往下掉。

能不能保存住这么漂亮的落叶呢？

妈妈正拿着耙子爷爷打扫落叶。花坛和菜地里的就不用收拾了，因为那里面的落叶能给植物的球茎保暖，腐烂之后还能做肥料。光是乱滚在草地上的那些都有一大堆了。每当这时，我一准儿会跳进叶子堆里，就像游在落叶泳池里面一样。滚上一阵后，头发和衣服上全都粘满了落叶。心里会有说不出的舒坦！我身上仿佛散发出了秋天的味道。

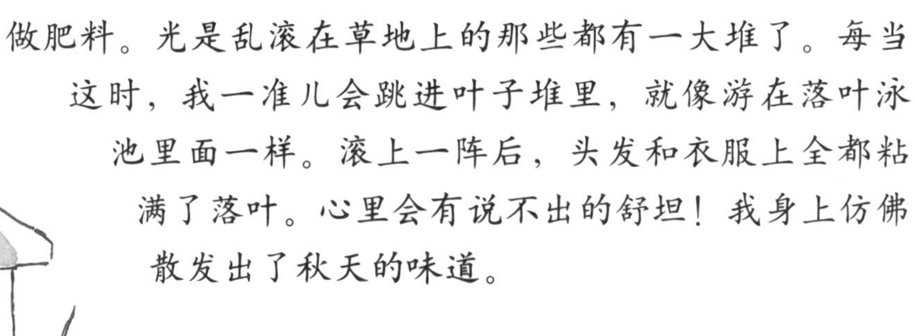

紫萼也在做着过冬准备，浑身换上了暖和的绒毛棉衣。

芋头怕冻，得把它们的根挖出来。包在报纸里放一冬天，来年春天我还要种。石臼里的睡莲也挪到屋里来了。当然了，石臼就没必要一起搬进来了。

院子里的各位成员，今年又让大家辛苦了一年！我们把又脏又锈的铁锨大叔洗干净，抹上油。胶皮管阿姨和喷壶哥哥要是冻坏了就没法用了。胶皮管阿姨要一圈圈地缠起来，喷壶哥哥要倒着控干水放在储藏室里。锄头姐姐、花铲大嫂和刀子奶奶呢，我用布仔细擦干净放在篮子里了。只有把他们都照顾好，才能和我们一起健康地劳动，生活下去。

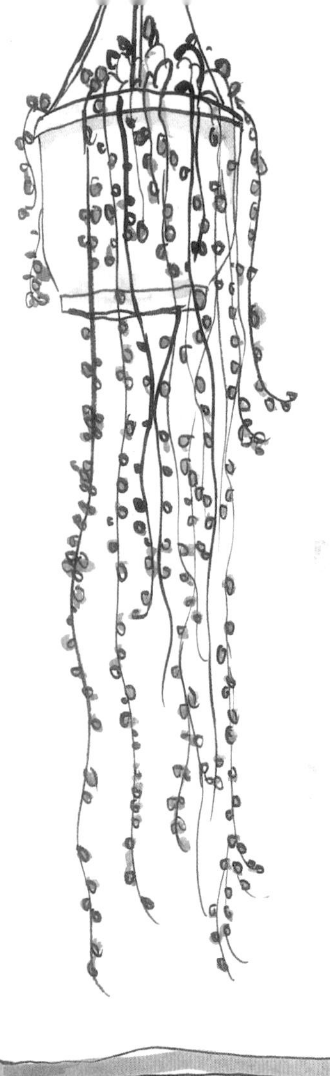

啊！下雪了！

盼了好久的雪，终于下起来了。树枝上、石臼和坛子上，还有房顶上，全都白茫茫的。我懒洋洋地躺在雪地上，手脚并用地画出了个天使。还和邻居家的小朋友们一起打雪仗，堆雪人。开心极了！

不知道是不是讨厌凉凉的雪花，小猫紫萼总是踮着脚在雪地上小心翼翼地走。看来得给它准备双雪地靴了，呵呵。最后，可能是觉得冷，它钻进房间，蜷到玻璃窗后面看风景。

雪积得多了，我们就会拎着塑料袋爬到山上去。紫萼跟了一会儿之后，显得很不耐烦，就自己跑回了家。大家在后山的小坡上玩儿滑雪。冲下去的时候实在太快了，我差点儿撞到树上去。小伙伴儿们玩得太开心了，谁都不管天还冷不冷，雪还下不下，棉裤和鞋子全都弄湿了。这样的日子里，自然少不了一杯热可可！

眼下，花的根肯定都缩在地底下呢吧？

玉兰毛茸茸的花骨朵已经做好了春天开花的准备。

狗和猫的不同之处

1. 下雪的时候，狗（特别是小狗）会高高兴兴地跑出去；而猫则对雪厌恶之极。

2. 狗喜欢出去散步；猫不喜欢走远（据说，其实它们害怕走远）。

"一定要记住哦。"

寒风呼啸中的杰作——雪人
1．先把雪团成团儿（妈妈说，过去孩子们堆雪人的时候会掺上煤渣）堆雪人儿的雪必须要下得够大，最好是那种大片大片的鹅毛大雪。
这就是煤渣，
燃烧之前是黑色的。
2．把雪团在雪地里滚一滚。"咯吱咯吱"，雪团渐渐变成了大大的雪球。只有来回滚均匀，大雪球才能变得圆溜溜的。然后，再用戴着手套的小手拍打拍打，让它更圆，更结实。
"跟滚雪球一般多了起来。"
嗯，我终于明白这句谚语什么意思了。
3．把小雪球放在大雪球上，再粘上些雪，别让它掉下来。
4．雪人的表情、帽子和手，大家可以尽情发挥自己的想象。我把两个小雪球横着粘在一起，做了只雪猫。嘻嘻。

飘着爆米花的圣诞树

今年，我们用亲手种的东西装饰了圣诞树。

树上挂着葫芦和酸浆果。从山上捡来的松塔，喷上银粉之后也成了装饰品。

怎么样？漂亮吧？

知不知道，用线穿起来的爆米花也可以成为你家圣诞树上最棒的装饰。

要想把爆米花缠绕在树上，必须穿好长好长一串才够用。

全家人坐在一起边吃边穿，一点儿都不会觉得无聊。

做好之后，我们就赶紧挂了起来。哇！圣诞树上仿佛落满了白白的雪花。

小猫紫萼却不理会爆米花，整天都追着线团跑来跑去。

"啊哈！我在练习捕食栗耳鹎呢。
你们不懂的。
看我成长为一名出色的猫咪猎手，
明年迎娶邻居家漂亮的猫小姐。"

噼里啪啦，做爆米花咯！
摇一摇
"噼里啪啦"
盐黄油
1. 玉米粒，一些盐和黄油放到锅里后，盖上锅盖，打到中火。这中间必须不断搅拌，摇晃。锅里噼里啪啦的声音渐渐消失之后，就可以关火了。
2. 用线穿成一串长长的爆米花珍珠（时不时吃掉些穿碎的爆米花，人间美味呀）。
3. 短些的爆米花穿成了我们的王冠和项链。长的呢，就可以用来装饰圣诞树了。
怎么样？漂亮吧？

小鸟们的食堂

雪下大了，山上的小鸟们饿着肚子飞到我家附近。

鸟食、面包屑、苹果皮什么的放到外边，它们不知道从哪儿得到消息，一定会聚集过来。啊？别说话！野鸡夫妇好像来找食吃了。雌鸟看来很一般，雄鸟尾巴上的羽毛帅呆了。

冬天是观察窗外鸟类的好时候。

山斑鸠长得和鸽子差不多，但身上是灰褐色的，家住在山上。它们咕咕咕地叫着，声音听起来很凄凉。可爱的棕头鸦雀也是成群结队地飞来飞去，只不过规模要比麻雀群小。

黄喉鹀总是两三只一起行动。叽叽喳喳叫着的时候，头上美丽的黄色发带会跟着一动一动的。

停在桧树上的是只什么鸟呢？

原来是大斑啄木鸟。它正攀在桧树上啄树干，找虫吃呢。

我画鸟的时候，地瓜好像已经烤熟了。

柴火炉里飘过来一阵阵诱人的香味。

给小鸟们准备
的冬季食谱
紫苏、小米、黄米——大山雀
蜂蜜水、迎春花、甜果子——栗耳鹎
面包屑、蛋糕——北红尾鸲
牛油——棕头鸦雀
核桃、葵花子——麻雀
抱歉，冬天没有虫子给你们吃。
黄喉鹀
大斑啄木鸟
棕头鸦雀
山斑鸠
小猫紫萼挑了最暖和的
地方，睡着了。

妈妈买了些水芹回来，打算腌泡菜。
不能吃的根被我放在了玻璃瓶里。
几天后，竟然长出了绿绿的水芹，就像春天冒出的新芽。
外面还是天寒地冻，屋里面却春意盎然。
我决定明年和妈妈种地瓜了。
因为我真的太喜欢吃凉拌地瓜秧了。嘻嘻。
种的时候，你会来帮忙吗？
明年春天，记得再来我家院子里玩哦！